我要安全

给孩子的安全书

游戏安全

世纪新华 / 编著

天地出版社 | TIANDI PRESS

图书在版编目（CIP）数据

给孩子的安全书.游戏安全/世纪新华编著.—成都：天地出版社，2020.1（2020.7重印）
ISBN 978-7-5455-5297-3

Ⅰ.①给… Ⅱ.①世… Ⅲ.①安全教育—少儿读物 Ⅳ.① X956-49

中国版本图书馆 CIP 数据核字（2019）第 233731 号

GEI HAIZI DE ANQUAN SHU
给孩子的安全书

YOUXI ANQUAN
游戏安全

出 品 人	杨　政
编　著	世纪新华
责任编辑	李 蕊　夏 杰
装帧设计	宋双成
责任印制	董建臣
出版发行	天地出版社
	（成都市槐树街2号　邮政编码：610014）
	（北京市方庄芳群园3区3号　邮政编码：100078）
网　址	http://www.tiandiph.com
电子邮箱	tianditg@163.com
经　销	新华文轩出版传媒股份有限公司
印　刷	三河市兴国印务有限公司
版　次	2020 年 1 月第 1 版
印　次	2020 年 7 月第 2 次印刷
开　本	787mm×1092mm　1/16
印　张	9
字　数	144 千
定　价	19.80 元
书　号	978-7-5455-5297-3

版权所有◆违者必究
咨询电话：（028）87734639（总编室）
购书热线：（010）67693207（市场部）

本版图书凡印刷、装订错误，可及时向我社发行部调换

主人公

锵锵

性格开朗，活泼好动，勇敢坚强，重义气，满脑子的奇思妙想，经常和李木子斗嘴。

李木子

伶俐可爱，喜欢花花草草，爱冒险，爱幻想。

辛辛

小帅哥，锵锵的小智囊，冷静理智，又不乏幽默。

主人公

铿锵爸爸

工程师，诙谐幽默，与铿锵亦师亦友。

百合妈妈

白衣天使，美丽温柔，典型的贤妻良母。

目录

意外中暑怎么办 / 1

耳朵里的"不速之客" / 6

大树上面好危险 / 11

建筑工地要远离 / 17

小鞭炮惹出的大事故 / 22

井盖危险，别踩 / 27

当心沙子眯了眼 / 32

高压线上的风筝 / 37

不要乱捅马蜂窝 / 43

恶作剧之怪物出没 / 48

玩火不是游戏 / 53

秋千荡高太危险 / 59

水里不宜泡太久 / 64

目录

充气城堡里危险多 / 69

讨厌的蚊子 / 74

雪天玩耍防摔伤 / 80

糟糕,我被卡住了! / 85

不做危险小"驴友" / 90

轮滑不要随意"秀" / 95

被"玩坏"的鼻孔 / 101

玩具手枪别对射 / 106

危险的"凳子跷跷板" / 111

飞镖"不长眼" / 116

不要逗弄小动物 / 121

令人担忧的"鼠标手" / 127

上网"冲浪"要当心 / 132

意外中暑怎么办

夏季烈日炎炎,在室外活动很容易中暑。遇到这种情况,你该怎么办?

期末考试结束了，老师宣布组织全班同学去夏令营。一听到这个好消息，大家高兴得手舞足蹈，安静的教室突然像炸开了锅一样，每个人都在叽叽喳喳地说着自己的打算，锵锵他们更是如此，几个好朋友已经聚在一起商量着要带什么了。

万岁——

第二天一大早，同学们背着各自的书包，在学校门口集合。大巴车将大家带到郊外的山脚下，安营扎寨之后，夏令营的第一项活动——爬山开始了！由于几天没下雨，今天的气温格外高。山路两旁虽然树木葱茏，却依然令人感到燥热无比。一开始，锵锵和辛辛还并

肩前进,将班上很多同学甩在了身后,可是慢慢地,锵锵感觉自己胸口越来越闷,呼吸也变得困难起来了。他停了下来,靠在了一棵树上,准备歇一歇再继续爬。这时,李木子经过他的身边,关心地问:"锵锵,你没事吧?你的脸看起来好苍白!"

锵锵休息了几分钟,发现同学们陆陆续续超过了自己,他有些着急了:"李木子,我没事了,咱们走!"他咬咬牙,大步向前走着。

才走了不远,锵锵突然觉得四肢无力,两眼发黑,一下子瘫倒在地。"不好啦,锵锵昏倒了!"紧跟在他身后的李木子大声呼救。

队伍后面的王老师听到喊声,疾步跑上来,说:"他可能中暑了!"

安全提示

炎热的夏天很容易中暑,同学们外出时一定要做好防护工作。要多喝水、多吃新鲜水果和蔬菜,并保证充足的睡眠,这样才能有效预防中暑。

自助解答

1. 尽快转移

发现身边有中暑的人，应该立刻将他转移到通风、阴凉处，同时垫高头部，敞开衣襟，以尽快散热。

2. 快速降温

用冷毛巾敷在中暑者额头上，或用酒精擦身，都可以帮助中暑者降低体温。

3. 服用药物

轻度中暑者可以喝一些淡盐水或藿香正气水等解暑。

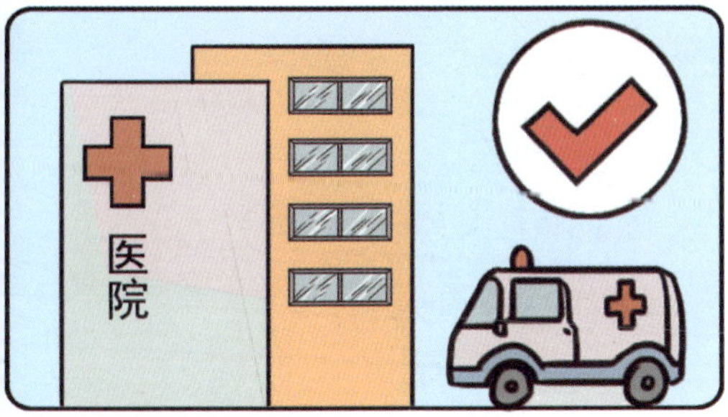

4. 及时就医

对于重度中暑者，要立即拨打120电话，或者送往医院就医。

5

耳朵里的"不速之客"

哎呀,李木子的耳朵里竟然爬进去一只小虫,怎么弄也弄不出来,真是急死人了!

阳春三月，大自然从沉睡中苏醒，处处呈现出一派勃勃生机。李木子约上锵锵和辛辛，一起去郊外踏青。

他们来到郊外的桃花林，枝头上粉色的桃花一簇簇紧密地挨在一起。微风吹过，片片花瓣纷纷扬扬地落在地上，就像给大地铺上了一层粉色的地毯，美丽极了！李木子把野餐垫铺在树下，然后就懒洋洋地躺了上去，满眼都是粉色的花瓣，哇，太浪漫了！

李木子，我们是来踏青的，你怎么就睡上了呢？来和我们一起玩吧！

沐浴着和煦的阳光,闻着青草的味道和桃花的芳香,聆听着鸟儿欢快的叫声,李木子竟不知不觉地睡着了。隐隐约约中,她觉得有什么东西钻进了耳朵里,是锵锵或者辛辛在捉弄自己吗?真讨厌!怎么往人的耳朵里塞东西?李木子气呼呼地坐起来,可是她发现锵锵和辛辛还在离她老远的地方打闹呢!那自己耳朵里蠕动的东西是什么呢?

李木子用手指挖了挖耳朵，她这才感觉到耳朵里的东西在动，而且竟然还在往耳朵里钻。啊！耳朵里进虫子了！李木子试图用手指将虫子挖出来，但越挖虫子越往里面钻，刚开始还只是有点儿痒，后来就开始疼了，而且还有头晕的感觉。她吓得哭了起来。

发现不对劲儿的锵锵和辛辛跑了过来，可是他们也不知道该怎么办才好。小虫子要怎样才肯出来呢？

安全提示

夏天户外蚊虫特别多，玩耍时，可提前在身上涂抹风油精或者花露水，防止蚊虫靠近。

自助解答

1. 耳朵不能掏

如果有昆虫进入耳朵里，千万不要乱掏，这样做不但会使虫子向里钻，而且容易损伤耳朵的鼓膜！

2. 手电筒来帮忙

在暗处用手电筒照射外耳道，小虫发现光后自己就会往外爬了。

3. 立刻告诉家长

如果发现耳朵里钻进虫子了，你可以让妈妈帮你往耳朵里滴少许食用油（花生油、香油均可）或酒精，使虫子粘在油中或麻醉，然后再用棉签或镊子将虫子取出来。

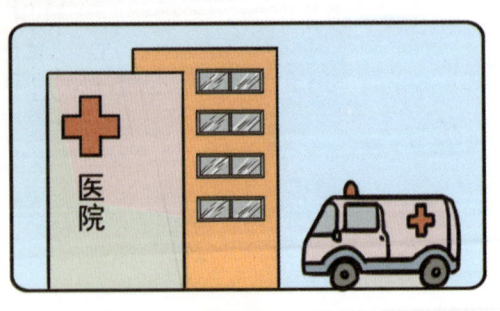

4. 及时就医

如果以上方法均无效，一定要马上去医院就医。

大树上面好危险

男同学通常喜欢爬树，可你知道吗？爬树很危险，一不小心就会伤到自己。

锵锵一家好久没有出去旅游了,这个周末,天气晴朗,锵锵爸爸决定带着一家人出去春游,好好放松放松!

一大早,他们便兴致勃勃地出发了。车子颠簸了近两个小时,最后终于在郊外停下了。这里山清水秀,风景可美啦!锵锵特别高兴,爸爸陪着他在小河里捉泥鳅,妈妈在岸边唱着歌,一家人玩儿得开心极了。突然,锵锵看见一棵结满青杏的大树,他感觉嘴里酸酸的,好想吃杏呀!

锵锵只好吞下了快要流出来的口水。唉，还是继续和老爸打水仗吧！可是他的眼睛时不时地往杏树上瞄，怎么办？还是好想吃酸酸的杏！

趁着爸爸和妈妈在小河边洗手的时候,锵锵偷偷跑到了杏树下。嘿嘿!老爸不会爬树有什么关系?儿子会爬树就行!锵锵抱着树干,手脚并用,几下就爬上了树。他攀在一根大树枝上,摘下一个杏扔进嘴里:"哇,好酸,好有味儿!"

他喜滋滋地攀在树枝上摘着杏,完全没注意到这根树枝越来越弯,好像已经承受不住他的重量了……

他突然看见妈妈站在树下,紧张地望着自己,而爸爸正伸长胳膊想够着自己。突然,他感到树枝晃了一下,好像还听到了"咔嚓"一声,紧接着,他尖叫着从树上掉了下来!

安全提示

有时候,树上会生活着一些猛禽,它们一旦受惊,就会主动攻击人;还有一些有毒的毛毛虫等,也会使我们受到伤害。

1. 不要攀爬树木

爬树不仅容易受伤，而且还容易毁坏树木，破坏生态环境。

2. 树上常有各种危险

除昆虫等带来的伤害外，某些树木分泌的汁液很黏，粘在皮肤上不仅很难洗掉，还可能会破坏皮肤表层组织。

3. 摔伤及时去医院

其实，爬树最大的危险就是摔伤。从高处摔下很容易造成骨折。一旦骨折，必须保持原状，不要随便移动身体，要及时通知父母，并前往医院就诊。

建筑工地要远离

建筑工地对我们而言，总有一丝神秘感，可是除了神秘，它还非常危险。

一天,几个小伙伴在一起玩捉迷藏,可是这捉迷藏越玩越没意思了,躲来躲去都是那几个地方!于是辛辛提议去隔壁院子玩。

"隔壁院子?""对呀,那可是个未被开发的好地方!"小伙伴们开始兴奋了,大家叽叽喳喳地说着笑着,跑向了隔壁院子。隔壁院子里有四栋即将完工的大楼,透过昏暗的灯光,还能看见院子里零零散散的砖块和水泥。虽然这个地方看起来乱糟糟的,可是对孩子们而言,这正是一个适合玩捉迷藏的"宝地"!

辛辛捂着眼睛数着数，锵锵弓着腰、低着头，轻手轻脚地跑向其中一栋楼，然后藏在了一个窄窄的楼梯间里。楼梯间里有好多水泥袋，正巧将他挡得严严实实。

果不其然，辛辛将所有的小伙伴都找了出来，可是不管他怎么找，就是找不到锵锵，他只好大声呼喊！

19

锵锵的笑声从某个地方传出来。"哎呀——"锵锵得意的声音突然变了,然后一阵惊呼传了出来,小伙伴们吓了一跳,循着声音找到了锵锵——他被几袋水泥压在了地上!原来锵锵蹲了很久,站起来时腿麻了,他一下子靠在了水泥袋上,没想到水泥袋堆得不稳,几袋水泥就这样砸在了他的身上……

安全提示

除了建筑工地,也不要在公路上、停车场、河堤等危险地带玩游戏,以免发生意外。

1. 远离大型机器

工地上有很多机器，有些吊重物的机器特别危险，可能会砸到我们；还有一些机器，工作时发出的噪声会损害听力。

2. 工地随处有危险

施工工地里有很多砖头、钉子等工程材料，一不小心就会"咬"伤你的身体。

3. 遇到危险及时呼救

在工地里遇到危险时，应该马上大声呼救，以获得帮助。

除夕之夜，家家户户都在阵阵的鞭炮声中庆祝春节，到处都是一片欢声笑语。吃完年夜饭，锵锵就拿着鞭炮，兴冲冲地找小伙伴们玩去了。

楼下已经有不少小伙伴在放烟花了，五颜六色的烟花在院子上空接连不断地闪耀，非常美丽。就连地面上也有不少正在喷出火焰的烟火，真是热闹非凡。

　　锵锵转了一圈,发现辛辛也在,然后他们一人拿了一些擦炮,在院子里玩起了"偷袭"游戏。趁着别人玩得正开心,两个捣蛋鬼就藏在暗处,将擦炮点燃,偷偷扔在那人脚下,除了能听见"啪"的炮响,还能欣赏到那人饱受惊吓的表情。哈哈,真是太有趣了!一时间,院子里各处都传来了惊叫声。大家怨声连连,可是在黑暗的院子里,根本找不到捣蛋的"罪魁祸首",真是太郁闷了!

　　锵锵和辛辛偷偷乐着,继续玩着"偷袭"游戏。锵锵将一个点燃的鞭炮扔出去,没想到还没等到爆炸,这个"倒霉"的鞭炮就被一只脚无意间踢了一下,骨碌碌滚进了下水道井盖上的小孔里。

　　锵锵正感到惋惜，突然间，"砰"的一声巨响，地面仿佛跟着晃了晃。只见下水道井盖在一股巨大的作用力的推动下，向高处飞去！落到了十几米外的草丛中，太可怕了！

安全提示

　　当我们放鞭炮时，一定不能将鞭炮扔进下水道里；点燃鞭炮后，要迅速跑到安全的地方，以免发生危险。

1. 鞭炮不能扔进下水道

下水道里容易积攒"沼气",如果遇到明火,如点燃的鞭炮,会引发爆炸。严重的话,整个下水道管网都可能产生"连锁反应",一整条街的井盖都会被炸上天。

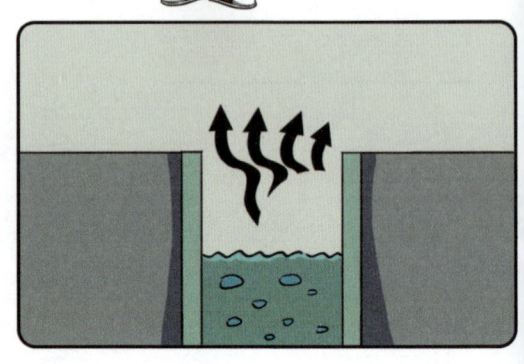

2. 保护自己

放鞭炮时,一旦引起了重大事故,要保持镇定,及时找一个安全的藏身之处,避免受伤。

3. 及时就医

如果受到鞭炮引发的意外伤害,轻者可以自行处理,严重的话,一定要及时就医。如果皮肤被烧伤,切勿在灼伤处涂抹酱油、草木灰、红汞、紫药水等,要赶紧前往医院治疗。

井盖危险，别踩

有些同学走路时喜欢踩下水道井盖。可是你知道吗？下水道井盖非常危险，一不小心，就有可能被"坑"哦！

锵锵一直很喜欢踩下水道井盖，听着那"哐当！哐当！"的声音，总觉得特别有趣。

辛辛经常嘲笑他："万一哪天掉下去可就完蛋啦！"可是锵锵毫不在意。

今天，锵锵和几个小伙伴一起回家，一路上嘻嘻哈哈、打打闹闹，平时感觉很长的路，今天好像变得很短。锵锵一边走，一边将路上经过的下水道井盖踩得"哐当"直响，有的同学看着觉得好有趣，也学着锵锵踩了起来。不一会儿，只见路上出现了一队奇怪的学生，

他们一个接着一个踩着下水道井盖，嘻嘻哈哈说个不停。"这个井盖踩起来会晃来晃去的，可好玩啦！准备好哟！"锵锵大叫着，在面前的下水道井盖上踩了下去，还故意蹦了一下，然后他回过头等后面的同学。

29

第二个、第三个同学和锵锵一样,从井盖上摇摇晃晃地踩了过去。第四个是辛辛,他也踩了上去,还笑嘻嘻地左右晃动了一下身子。"哈哈,原来踩下水道井盖真的很好玩儿!"话音刚落,下水道井盖突然开了,辛辛一下子掉了下去!

安全提示

平时走路时不要低头玩游戏,或者东张西望,因为如果下水道井盖并没有盖好,很可能发生危险。要多注意脚下,以防意外。

1. 落入井中，保护头部

万一不小心掉进了下水道，要保护好自己的头部，避免地面掉下来的物体砸伤自己。

2. 沉着冷静，设法自救

掉入下水道时要保持镇定，如果带着电话，要及时打电话告知家长或报警；也可以将自己身上一些鲜艳的物品抛上去，吸引路人前来查看。

3. 补充能量，等待救援

当无法自救时，要耐心等待救援，身上有食物的话，最好分时间段吃，保持体力；也可以仔细听一下附近是否有路人，及时呼救，切记不要一直大喊大叫，耗尽体力。

天气预报说今天下午会有大暴雨，可天都快黑了，也没有一丁点儿要下雨的迹象。锵锵往窗外看了看，天上的云层虽然看起来厚厚的，空气还有一点闷，可是不像要下雨的样子啊！于是他放心地跑下了楼。

33

他俩拿出陀螺，一起玩了起来。今天院子里几乎没有小伙伴，他俩从院子东头玩到西头，直到路灯全部亮起，两人还是感觉有些意犹未尽。"明天可以嘲笑他们了。明明就不会下雨嘛，一个个都吓得不敢出门，真是太胆小了！"锵锵和辛辛说着。

正在这时，一阵大风突然刮了起来，地面上沙尘和垃圾也被吹起，在半空中不停地旋转着。紧接着，一阵"轰隆隆"的雷声响了起来。

锵锵和辛辛飞速往家里跑着,可是风越来越大,连同沙子尘土打在人的脸上,还有点儿刺痛的感觉。

安全提示

同学们平时在沙坑玩沙子时,不要将沙子扬起,以免误伤他人。

自助解答

1. 不要在大风天出门

尽量不要选择在大风天出门，不要让沙子"有机可乘"。如果避免不了，最好使用防尘口罩、眼镜等防护品。

2. 正确的急救方法

一旦眼睛里进沙子了，千万不能急于用手揉，因为手上有很多细菌，容易使眼睛发炎。想办法流点眼泪，眼泪有时可以把沙子冲出来。

3. 请别人帮忙

请别人用干净的手将眼皮往外翻，发现沙粒后，朝眼睛轻轻吹气，也可以用面巾纸轻轻粘取。

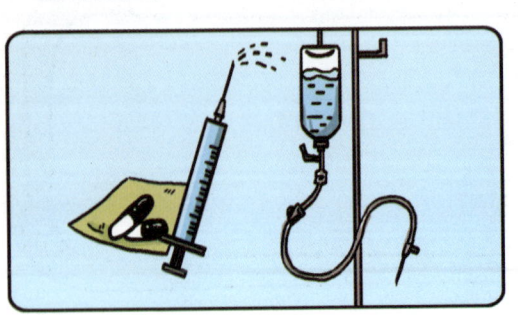

4. 及时就医

如果上面的方法都不管用，说明沙粒已进入角膜或巩膜，为避免眼球被沙粒划伤，应立即到医院请眼科医生处理。

星期天的早晨，天气晴朗，风和日丽，锵锵约了其他小伙伴到郊外放风筝。

他们到达目的地时，天空中已经飘起了很多五颜六色的风筝。锵锵迫不及待地把自己的"齐天大圣"风筝拿出来，然后一手举着风筝，一手拿着线轴，先慢慢地助跑，风筝随风飞了起来。他一边加快奔跑的速度一边放线。看着越飞越高的风筝，锵锵得意极了。

　　一旁的辛辛也将自己的风筝放飞，那是一个红色的"奥特曼"，眼看自己的"奥特曼"马上追上锵锵的"齐天大圣"，辛辛心头狂喜。他将自己手中的线不断地往外放着，他的"奥特曼"越飞越高……

　　锵锵一边放着手中的线，一边拉着风筝不停地跑起来。手中的线越来越少，可是锵锵丝毫没有注意……突然，他觉得手中一松，哎

呀！线放完了！而且线头处没有打结！失去控制的风筝晃晃悠悠地在天上飘着，然后慢慢落了下来。

锵锵郁闷极了，他飞快地跑向自己的风筝，可意外的事发生了。眼看风筝即将落地，突然，一阵狂风袭来，风筝开始左右摇摆，然后以极快的速度俯冲下来，只听"啪"的一声，风筝挂在了高压线上。

其他小伙伴帮他找来了一根长长的竹竿，想把风筝钩下来，但高压线太高了，他们无论如何都够不到。

正当锵锵不知所措时，周围的一位好心人帮他联系了电力部门。电工来了之后，帮锵锵取回了风筝，但是锵锵也不可避免地挨了一顿批评。

安全提示

放风筝应选择晴朗的天气和安全的地方，一旦有打雷、闪电发生，应收好风筝尽快回家。

自助解答

1. 选择安全的地方

放风筝的地点，要选在宽阔、平坦的地方，避开人多、车多的地方，不能在马路、屋顶等处放风筝，尤其要远离高压线，以防触电或其他意外事故发生。

2. 切勿爬高取风筝

如果风筝挂在了高压线上，一定不要冒险爬上去取，也不要拉扯，应尽快松手并离开，及时通知电力部门的工作人员。当风筝落在大树或者房顶上，也不要自己去取，应该找大人帮忙。

不要乱捅马蜂窝

马蜂虽然个头小，但是成群结队的它们发起火来，可能会给我们带来伤害！

　　辛辛的奶奶住在乡下，那里山清水秀，绿树成荫，风景美不胜收。每到假期，辛辛都会去奶奶家住上一段时间。当然，今年也不例外，而且，辛辛还邀请了自己的好朋友锵锵，他们准备在奶奶家好好狂欢几天。

　　没过几天，辛辛和锵锵就跟周围的小伙伴们打成了一片，每天都在田间地头疯玩。小河里抓螃蟹、水田里捉泥鳅、树林里粘蝉……这些好玩的事情辛辛带着锵锵玩了个遍，真是太有趣了！可是对于孩子们来说，村里也是有"禁地"的，比如村子东头的那棵大榕树。因为树上有一个超级大的马蜂窝，所以家长们经常会千叮咛万嘱咐，不许孩子们去那里玩儿。

这天中午，太阳异常毒辣，小伙伴们感到无处可去了。小河里抓螃蟹太晒，树林里蝉声又太吵，要是能找个既凉快又安静的地方该多好啊！突然，一个小伙伴说："其实咱们村东头的大榕树下最凉快了，可惜有个大马蜂窝……"

还没等小伙伴说完，锵锵立刻来劲了。在他的号召下，大家"武装"起来，一群人浩浩荡荡地来到了大榕树下，大家各自拿着"武器"一齐朝马蜂窝丢过去。顷刻间，无数只马蜂像被激怒的士兵，倾巢而出。顿时，所有人都慌了神，撒腿就跑。可锵锵却不小心摔了个四脚朝天，疯狂的马蜂趁机在他的身上、脸上狂蜇起来……

救命啊——

安全提示

通常情况下，马蜂不会主动攻击人，因此我们见到马蜂窝尽量绕道而行，不要去招惹它们，特别是不要去捅马蜂窝，以免造成不必要的伤害。

自助解答

1. 保护自己

一旦发现周围有马蜂群，应迅速原地趴下别动，然后用衣物保护好自己的头、颈、手等部位，千万别乱跑，以免马蜂群追击。

2. 清洗伤口

一旦被马蜂蜇了，应尽快用温水、肥皂水或盐水清洗伤口。要是伤口上留有螯针，则需马上拔掉。但切记不可用红药水、紫药水或碘酒擦抹，那样不但不能治疗，反而会加重肿胀。

3. 及时就医

如果蜇伤严重，且伴有头疼、头晕、恶心、呕吐、烦躁、发烧等症状，则应尽快去医院就诊。

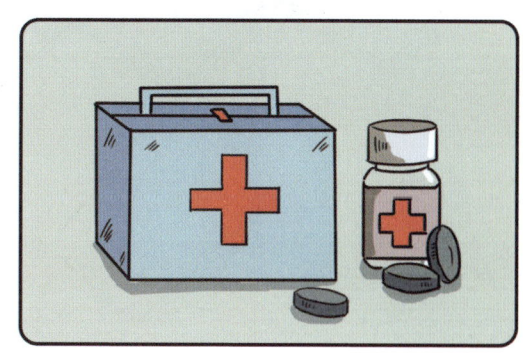

恶作剧之怪物出没

在游戏时，我们要把握好分寸，知道什么能玩，什么不能玩，否则可能会造成意外伤害哟！

期末考试结束后,老师组织全班同学一起去露营。同学们在郊外的河边安营扎寨,打水仗、写生、捉小鱼……晚上还有一个篝火晚会,真是太开心啦!

锵锵激动的心情一直持续到躺在帐篷里,他翻来覆去怎么都睡不着,心想:"也许,我还可以再玩一个刺激的游戏!"锵锵轻手轻脚地拿出自己去年万圣节时买的一套怪物装,穿好之后偷偷溜了出去。

小河边一片漆黑,万籁俱寂,只能听见掠过树梢的风声和潺潺的流水声。辛辛睡了一会儿起来,发现帐篷里的锵锵不见了,他嘟囔着,边打着哈欠,边走出了帐篷。

正当他准备去小树林里小便时，"嗷呜！"一个可怕的怪物从一块石头后忽地蹿了出来，辛辛吓得一声尖叫，撒腿就跑。可是怪物在辛辛身后穷追不舍，眼看就要追上他了！辛辛吓得实在跑不动了，他大声哭喊着："救命啊！有怪物！"慌乱不已的他捡起河边的小石头，不停地向怪物砸去。

锵锵疼得大叫起来！

这时，听见叫喊声的老师和同学们也出来了。大家这才发现原来怪物是锵锵假扮的。锵锵为此挨了老师一顿批评，最郁闷的是，无论锵锵怎么道歉，辛辛都不予理睬，这下锵锵该怎么办呢？

安全提示

适度的玩笑会加深朋友之间的友谊，可是恶作剧却会轻而易举地破坏你在朋友心中的形象，所以，不要轻易搞恶作剧！

51

自助解答

1. 玩笑要有度

没有人喜欢被人捉弄，所以同学们开玩笑的程度要适当。过分的玩笑可能给自己或他人造成极大的伤害，严重的有可能会出现生命危险。

2. 开玩笑要注意场合

有些场合非常不适合开玩笑，尤其是公共场合。有时小小的玩笑会给当事人带来名誉上的负面影响，严重的话可能会造成情感、心理上的伤害。

玩火不是游戏

火焰虽然美丽，但却不能把玩火当作游戏。"玩火自焚"可是一件既危险又恐怖的事！

这个周末,辛辛去马戏团看表演,当绚丽无比的火焰在魔术师手上忽隐忽现时,辛辛感觉自己的心都在怦怦直跳。他目不转睛地盯着火焰,幻想着自己也能成为一名厉害的"控火高手"。

回到家里,辛辛东瞅瞅、西看看,想找到能够"玩"的火焰,想来想去,他将目光投向了爸爸的打火机。嘿嘿,这个也许可以当作自己的魔术道具,还有一件神秘的东西,那也是必备道具!辛辛兴奋地将老爸的两个打火机拿在手里,兴冲冲地下楼了。

女士们，先生们！注意啦！天才魔术师辛辛将要为您带来一个绚丽无比的火焰魔术，走过路过不要错过！

辛辛将打火机取出，双手各拿一个，然后啪的一声，打火机的小孔中立刻冒出一团明亮的火焰。他伸出大拇指在这个小孔上轻轻一抹，火焰没了。"厉害吧？"辛辛得意扬扬地看着大伙儿。

辛辛涨红了脸,气呼呼地说他还有更精彩的节目呢!

辛辛拿出了自己准备好的神秘道具——原来是一小瓶酒精。有了这个东西，还怕召唤不出火球？他将酒精洒在地上，然后按下了打火机……由于一些酒精溅到了锵锵的鞋带上，瞬间，锵锵的鞋带也跟着着火啦！大家都被吓到了。

安全提示

如果看见小伙伴拿着打火机玩火，应立即制止，因为这样不但容易引起火灾，伤到自己，打火机也可能由于温度变高而爆炸，后果不堪设想。

1. 玩火危害大

不要因为一时的好奇心模仿一些危险的游戏，更不要玩火。轻则烧伤自己或他人，重则引起大范围火灾。

2. 发生火灾如何自救

火灾初期，如果只有一点点小火苗，应赶紧设法扑灭。当火势较旺时，切勿自己救火，应立即离开现场并尽快拨打火警电话119。

3. 及时就医

一旦被火烧伤，应赶紧用冷水冲洗，降低温度，并尽快就医，以免留下疤痕。

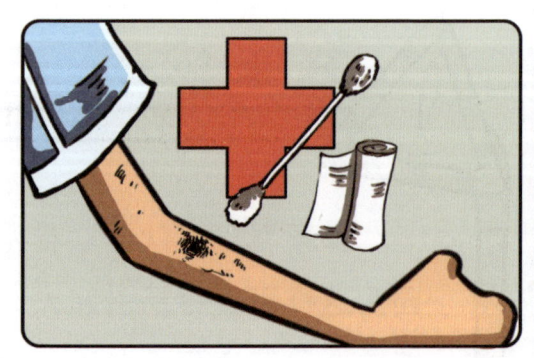

秋千荡高太危险

很多同学都喜欢荡秋千的那种刺激感,但是好玩归好玩,要记住:安全才最重要!

放学后，听说附近的公园里安装了很多秋千，李木子、锵锵和辛辛就约好一起去玩儿。公园里的人真多啊！特别是荡秋千的地方，已经有好多人在玩了。锵锵眼尖腿快，一个箭步就冲到一架空闲的秋千

旁，他得意地摆出V字形胜利手势。坐在秋千上，锵锵闭着眼睛，想象着自己像小鸟一样，在空中自由自在地飞翔，那种感觉别提有多美妙了！他大声喊着，让辛辛不停地推，秋千越荡越高，简直有种要冲入云霄的感觉了。那情形，让周围人都捏了一把汗。

　　锵锵玩过瘾了，该轮到李木子了。李木子刚刚坐上去，锵锵就使劲在她背后推了一把。秋千一下子高高地荡起，李木子感觉自己的心怦怦直跳。她尖叫起来！可是锵锵根本不停，还是一下一下地狠命推着李木子，一旁的辛辛还在不断地加油叫好！

　　李木子吓得紧紧抓住秋千，感觉自己快要坚持不住了，也许锵锵再推一下，自己就要从上面掉下来了……忽然，一只大手抓住了秋

61

千——原来是公园的管理人员,他厉声责备他俩。锵锵和辛辛这才发现李木子脸色惨白,他们愧疚地低下了头。

安全提示

荡秋千前,应先检查秋千是否完好,检查后再坐上去,双手紧握绳索;玩耍的时候,一次只能一个人玩,不要两个人挤在一个秋千上,以免秋千的绳索断裂。

自助解答

1. 选择适当的秋千

选择适合自己年龄段的秋千，选择质量好的秋千，老化严重的秋千不能玩。

2. 掌握正确的荡秋千方法

和伙伴一起玩时，要控制秋千的高度。如果太高太快，坐在上面的同学容易失去平衡，发生危险。

3. 注意玩耍方式

要坐着玩秋千。有的小朋友经常站着或者跪着荡秋千，这样特别容易失去平衡。

4. 不要在秋千附近停留

当有人玩秋千时，千万不要在秋千附近停留，不然很容易被荡过来的秋千撞倒。

63

暑假里,烈日炎炎的天气将怕热的锵锵折磨得"痛不欲生",他想:如果自己是一条鱼该多好啊!这样就可以待在凉凉的水里了……铿锵爸爸看见锵锵无精打采的样子,决定带他去水上乐园玩一天。

来到水上乐园后,锵锵迫不及待地跳进水里。啊!清凉的水让锵锵瞬间精神焕发,他兴奋地从长长的"彩虹水道"上滑下来,又坐上了刺激的"巨型大喇叭",刹那间的失重感吓得他尖叫不已,真是太

65

爽啦！就这样开心地玩了一上午，到吃午饭的时间了，爸爸喊锵锵去吃饭，可是锵锵不乐意，用起了"撒娇大法"，就是不上来。爸爸无奈，只好自己去吃饭了。

吃完爸爸带回的面包和牛奶，锵锵又继续玩了。可是玩着玩着，他突然感觉自己有点儿四肢无力，手上和身上还起了很多小褶子。他刚准备告诉爸爸，可是又怕爸爸让自己上岸，于是想了想，继续缩在水里不动了。

66

时间慢慢过去,清凉的池水让锵锵感到舒服极了。尽管爸爸叫了好几次,想让他上岸休息一下,可是锵锵就是赖在水里不出来。正当锵锵眯着眼睛泡在水中时,他感觉鼻子痒痒的。"阿嚏——阿嚏——"锵锵一个接一个地打起了喷嚏,他感冒了!这下,铿锵爸爸再也不顾他的抗议,一把将他从水里捞了起来。

安全提示

游泳时身边一定要有大人陪伴,千万不要独自去游泳。

自助解答

1. 游泳池里细菌多

游泳池是面向大众的设施，因此水里会有很多细菌。长时间泡在水里，容易引发结膜炎、中耳炎和皮炎等疾病，因此，游泳后要认真冲澡。

2. 准备活动应充分

游泳前须做准备活动，对腿部容易发生抽筋的部位进行适当按摩，或者用冷水慢慢淋湿整个身体，这样能有效避免游泳时发生腿部抽筋的现象。

3. 控制游泳时间

控制好每次游泳的时间，一般在水里玩不要超过1.5个小时，且每隔一会儿上岸休息一下。游泳时间太长，散热过多，容易引发感冒，更容易导致抽筋乏力。

充气城堡里危险多

充气城堡是大型的充气玩具，它"全身上下"都是软软的，在里面玩肯定没有危险！如果你这样想，那就大错特错了！

学校附近的公园里最近添置了一个特别好玩的大型玩具——充气城堡。每到放学后，同学们都急冲冲地跑向公园，赶紧去蹦蹦床那里占位了，毕竟蹦蹦床就那么大，可是想玩的小朋友却很多，去晚了当然玩不上了！

这天，锵锵和辛辛一下课就向公园飞奔，可是等他们到了那里，工作人员却怎么也不肯放他们进去。

锵锵和辛辛只好站在一旁，眼巴巴地看着其他同学开心地跳来跳去，急得眼睛里都快冒火了。突然，锵锵发现管理员叔叔离开了——机会来了！他一把拉住辛辛，两人飞快地爬上了充气城堡。他们兴奋地跳着，根本不觉得会有什么危险。

正在这时，一个小朋友从充气城堡的高处滑了下来，他大声尖叫着让大家闪开。锵锵看见有人直冲自己而来，想赶紧闪开，可是周围都是人，他根本就没有地方可以躲！"砰！"从高处滑下来的小朋友重重地撞在了锵锵身上，锵锵一下子摔倒了。更加倒霉的是，周围还在蹦跳的小朋友并不知道，可怜的锵锵都数不清自己被踩了多少次，他不停地叫唤着，趴在蹦蹦床上起不来了……

安全提示

在充气城堡里玩耍时，不要吃零食。玩耍时吃东西，很容易被噎到或是咬到舌头。

自助解答

1. 人多别玩

一旦发现充气城堡或蹦蹦床里玩耍的人很多时,最好等等再玩,否则很容易被撞倒或者被踩到。

2. 玩前做检查

在玩蹦床类玩具之前,应该各处检查一下,看看蹦床里是否有尖物、硬物,以防玩耍时被扎伤。

3. 危险动作不要做

玩的时候,切勿故意做摔倒、翻跟头等危险动作,极易发生危险。

辛辛没想到自己一个忍不住，就被李木子揪了出来。他垂头丧气地说："唉，蚊子害我啊！"

大家仔细一看，锵锵的胳膊上果然已经有好几个大红包包了，包包周围被锵锵抓得一片通红，感觉都快破皮了，看上去"惨不忍睹"。唉，蚊子绝对是"木头人"游戏的克星，有蚊子在，"木头人"游戏难度也跟着飙升了。

"啧啧,我可不想变成你们那样。"辛辛眨眨眼,"拜拜!"辛辛竟然就这样回家了。

"我看我也回家吧!"李木子轻轻地说。

一转眼，同学们走的走，散的散，小小的蚊子就这样将大家打败了。锵锵郁闷极了："讨厌的蚊子！"

安全提示

夏季尽量少在草丛、树林里玩耍，那些地方有很多蚊子，人们特别容易被蚊虫叮咬。

自助解答

1. 蚊虫叮咬不要挠

一旦发现自己身上有蚊子叮咬的包包,一定不要挠,越挠越痒,而且严重的话还会感染。

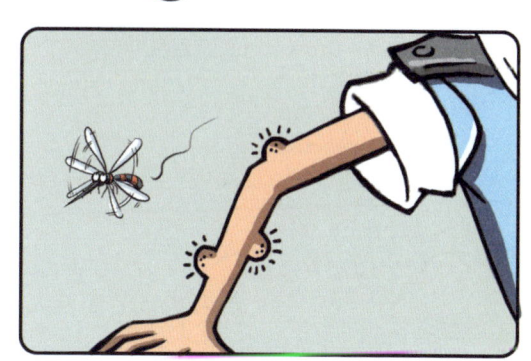

2. 出门做好防蚊工作

驱蚊水、防蚊贴……都是夏季出门的必备物品。有了它们,蚊子就会"绕道而行"。

3. 肥皂、药膏可止痒

在被叮咬部位涂上肥皂或者专治蚊虫叮咬的药水、药膏,能有效地消除瘙痒。

79

雪天玩耍防摔伤

下雪啦！到处都是白茫茫的一片，爱玩雪的小伙伴急忙跑出家门，欢快地蹦着、跳着，却忘记要注意脚下……

锵锵一骨碌爬起来,洗漱完毕后,他打着哈欠出来了:"辛辛,你怎么起得那么早啊?"

锵锵一听到下雪了,立刻就精神起来了,他走到窗前一看,哇!昨天夜里,大雪给大地盖上了一层厚厚的棉被,给大树穿上了银色的礼服……世界银装素裹,漂亮极了!

辛辛紧随锵锵,他们在路上以滑行代步,两人越滑越起劲儿。前面有一个很大的坡路,两个人想都没想,就冲了下去。突然,锵锵被石头绊到了,"哎哟!"他摔了个"狗啃泥"。锵锵捂着嘴巴站了起来,衣服撕破了,脸上摔得青一块紫一块。辛辛看到锵锵的狼狈相

儿，忍不住哈哈大笑起来。

锵锵正想上前去教训他，但马上又停住了，看来他是被摔怕了。"为了稳妥起见，我要老老实实地走回家了！"然后，他强忍着疼痛，一瘸一拐地走着回家了。

安全提示

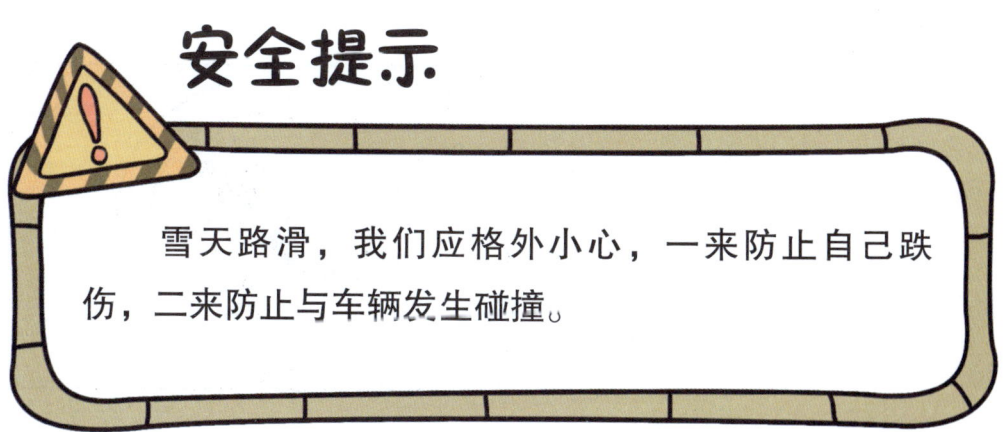

雪天路滑，我们应格外小心，一来防止自己跌伤，二来防止与车辆发生碰撞。

自助解答

1. 路面不是滑冰场

雪天路滑，大家走路时千万不能你追我赶，互相推搡，更不可把路面当作滑冰场，以免摔伤。

2. 出门穿上防滑鞋

雪天出门，你可以穿一双有防滑鞋底的棉鞋，这样可以大大减少摔跤的危险。

3. 走路要当心

雪天外出，首先要避开有冰的路面，踩到发亮的雪地和覆盖着薄雪的冰最容易滑倒；由于雪的覆盖，井盖、建筑材料上的钉子等都不易被发现，因此需要更加仔细，以防跌倒、磕碰或扎伤。

糟糕，我被卡住了！

玩耍时，千万不要随便往洞里钻，一旦被卡住，那可是件很危险的事哟！

今天下午大家一起玩"警察抓小偷"的游戏,除了辛辛,其他的"警察"都抓住过一两个"小偷",而辛辛一个"小偷"也没抓住,结果被称为"常输将军",真是气死人了!

辛辛气喘吁吁地追着前面的"小偷"，可是他越跑越没劲儿，怎么办？难道又要让"小偷"逃掉？正在这时，辛辛突然想起旁边的墙上有一个洞。"哈哈，我可以去前面埋伏！"他兴奋极了，一转弯，跑向了另一条小道。

小道的尽头是一堵墙，墙上有一个小洞，也不知道是什么时候挖的，反正辛辛记得自己很小的时候钻过，现在钻过去，肯定能拦截到"小偷"！辛辛趴在地上，将自己的头从洞里伸了出去，可正当他

使劲向洞外爬时，却发现自己的身体太大了，已经被牢牢地卡在了洞中，怎么挣扎也出不去了！辛辛害怕极了，他大声地哭喊起来！

安全提示

除了那些墙上的洞，树洞、栅栏等，看似能钻过去的空隙，也不要随便去钻，卡住了会很危险。

自助解答

1. 切勿乱动

一旦被卡住，如果挣扎之后出不来，切勿再乱动，以免卡得更紧，造成被卡部位受伤。特别是头被卡住，不要惊慌，更应保持冷静，设法求救。

2. 及时呼救

如果被卡住动不了，要及时呼救，请求救援。

3. 保存体力

发生意外后，救援人员也许不能及时到达，这时应保存好自己的体力，不要一直大喊大叫。

89

不做危险小"驴友"

每个人心中都有一个"探险梦",可是如果探险的方式不当,"探险梦"就会变成一场噩梦。

终于放暑假了！锵锵今天特别兴奋，他和辛辛很早就约好：一放暑假，两人就去郊外的山上去探险，体验一下"驴友"的感觉！他快速地收拾行囊，给爸爸妈妈留了一张纸条：我和辛辛去上山探险啦！然后就高兴地出门了。

锵锵和辛辛的探险旅程开始了！当他们看到绿意葱茏的高山时，感觉浑身充满了力量！他们开始比赛：看谁先爬上山顶。两个小家伙一路边玩边爬，时间很快就过去了……当他们爬到半山腰时，眼尖的

辛辛突然发现了一个山洞。

锵锵也激动起来："走，咱们进去看看！"

一开始，山洞里还可以看见许多杂草，锵锵和辛辛走走停停，还沿途做了很多标记。可是这个山洞好像特别深，他们感觉走了很久，也没有走到头，直到山洞里变得伸手不见五指时，锵锵开始害怕了，

他找啊找——自己怎么也不带个手电筒呢？辛辛也开始着急了，他们商量了一下，决定往回走，可是在黑乎乎的山洞里，他们磕磕绊绊，找不到出口了……

当锵锵爸爸下班回到家，看见锵锵留下的纸条后，他心里特别着急。他赶紧叫上辛辛的爸爸妈妈，两家人一起来到山上，兵分几路，四处寻找这两个小家伙。这时，天色已经慢慢暗了下来，可是锵锵和辛辛在哪里呢？

安全提示

生活中，我们常会听到有关"驴友"的传奇，同学们既不要羡慕，也不要去模仿，因为对我们而言，野外探险活动实在是太危险了！

1. 要有家长陪伴

野外总会有一些预料不到的危险，比如遇上毒蛇或者山体滑坡等，同学们根本无法应对，所以一定要和家长在一起。

2. 山洞不要轻易进

山洞里藏有很多危险的动物，还有可能会有一些对人体有害的气体，因此，千万不要随意进山洞探险。

3. 陌生地方要留意

到陌生的地方，要随时在路边显眼的地方留下记号，以防迷路。

轮滑不要随意"秀"

玩轮滑的同学看起来特别酷，可是在没掌握轮滑技巧时就鲁莽地"秀"高难度动作，最后吃苦头的肯定是自己。

最近，辛辛报了一个轮滑班，每天下午放学，他都会上两个小时的轮滑课，跟着老师学习轮滑技巧。辛辛觉得轮滑课的老师特别棒，什么直道滑行、滑跑、弯道花样等，都可以轻轻松松地完成，每次还

能吸引到一大群人驻足围观，真是酷极了！有这么厉害的老师，学生又怎么能不出色呢？刚刚上了一个月初级班的辛辛，就对自己的轮滑技术特别有信心，今天，他竟然带着轮滑鞋来到了学校。

　　课间休息的时候，辛辛将自己的轮滑鞋穿上，他想给同学们"秀"一下自己的轮滑技术。在同学们的掌声和叫好声中，辛辛开始了自己的表演。他先是小心翼翼地在教室里溜了一圈，然后就开始在同学们之间快速地滑起来。

97

看起来很好玩的样子!

哇哦!

技术真不错!

　　同学们的夸赞声不断地在耳边响起,辛辛有点儿"飘飘欲仙"了,他想:再来一个高难度的动作吧——背身旋转180度!急速滑行的辛辛突然一个大转弯,他的轮滑鞋"唰"的一声在地面上画了一个半圆,然后稳稳地停住了!

辛辛继续"大显身手"——他这次站在了讲台上，准备从讲台上直接跃下！可就在辛辛跳下来的时候，他的胳膊撞在了桌沿上，失去平衡的他重重地摔在了地上……

⚠ 安全提示

玩轮滑时要选择平坦、空旷、人少的场地。如果摔倒后，感觉自己的某些关节或骨骼受伤而特别难受，应该及时就医，以免错过最佳治疗时间。

自助解答

1. 场地很重要

玩轮滑时一定要选好场地，小区的人行道上、马路上、坑洼不平或有积水的地面、人多拥挤的地方……这些地方都不适合玩轮滑。

2. 做好安全措施

玩轮滑前，应准备好全套保护装置，如头盔、护胸、膝垫和肘垫，这样才能避免受伤。

3. 危险动作不要做

对于尚未完全掌握技巧的初学者而言，轮滑有些动作很危险，千万不要去做自己不擅长的动作，以免发生意外。

被"玩坏"的鼻孔

同学们，你们有没有将物品塞进鼻孔的经历？辛辛这样做了，可是他后悔了……

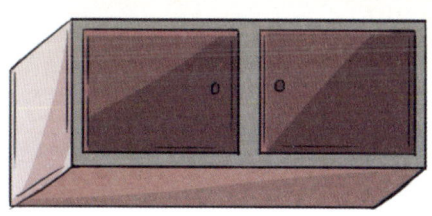

一天，辛辛在学校的操场上捡到几粒小小的钢珠，圆滚滚的钢珠非常好看，他拿在手里不停地把玩。这时，锵锵从这里经过，也想玩玩钢珠。

辛辛看着手里的钢珠，想了想，不情愿地分了两颗给锵锵，锵锵高兴地拿走了。辛辛又玩了一会儿，这时李木子和几个女同学来了，她们也看到了辛辛手里的钢珠，也想玩一会儿。辛辛既不想给，又不好意思拒绝，于是他想出一条妙计。

李木子满脸狐疑地看着他!

"表演"开始了,只见辛辛背过身去,悄悄地将钢珠塞进了两个鼻孔中。他猛地一回头——钢珠不见了!在一阵故弄玄虚后,他突然把钢珠喷了出来。女生们惊讶极了,使劲地给辛辛鼓掌。辛辛却觉得有些不对劲了,因为刚才他明明塞进鼻孔里两颗钢珠,可只喷出来一颗。一开始辛辛还并没有太在意,他玩着玩着就忘了这件事。

晚上回到家，辛辛觉得鼻子里异常难受，就伸手去抠，却没有把钢珠抠出来。这下他可吓坏了，呼吸也变得急促起来，爸爸妈妈试了许多办法，也无法取出钢珠，赶紧将他送到医院。后来，医生使用专门的器械将钢珠取出，辛辛才不难受了。

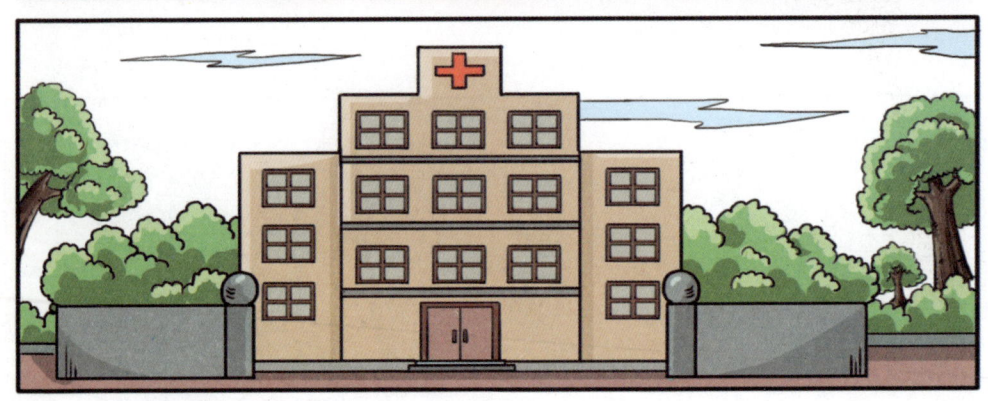

安全提示

同学们一定要记住，千万不能把纽扣、豆子、玻璃球、枣核等东西塞入鼻孔，这样做是非常危险的，严重时还有可能危及生命呢！

自助解答

1. 一定不能抠

如果有异物进入鼻孔，一定不要去抠，因为这样可能会导致异物越进越深，更加难以取出。

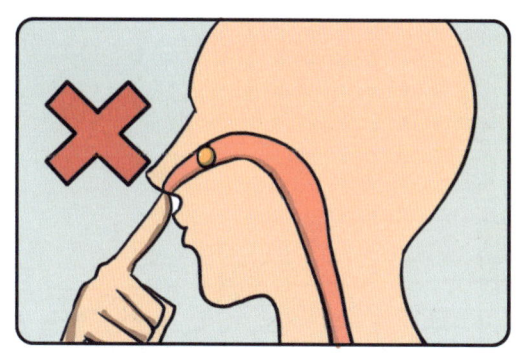

2. 用力喷气

先吸气，然后闭紧嘴巴，用手指按住无异物的鼻孔，使劲往外喷气，多进行几次，便可将异物喷出。

3. 保护好鼻子

对于体积较小和重量较轻的东西，尽量不要将它们靠近鼻孔，也不要对着那些东西用力吸气，更不能将异物塞进鼻孔。

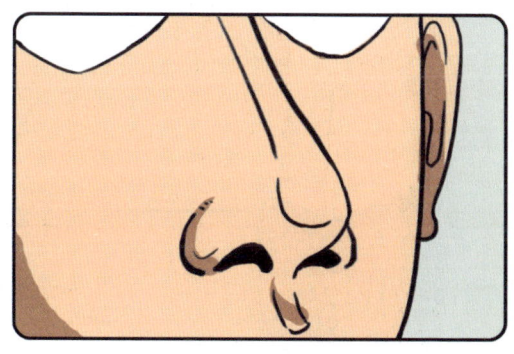

4. 及时就医

一旦鼻子里的异物无法取出，一定要及时就医，以免造成更加严重的伤害。

学校附近新开了一家玩具店，锵锵和辛辛闲来无事就去逛一逛。店里摆放着数十种玩具枪，他们看得眼花缭乱。最后，他俩终于没能抵住诱惑，各自挑了一把能发射塑料子弹的玩具枪，然后兴冲冲地拿着玩具枪来到了学校。

"啪！啪！啪！"玻璃、墙壁、门……到处都是锵锵和辛辛瞄准的目标。玩了一会儿，他们觉得不过瘾，于是约上几个也有玩具枪的同学，一起去操场玩起了"警察抓强盗"的游戏。

游戏开始了，锵锵和辛辛扮警察，躲在乒乓球桌底下，向操场上四处逃窜的"强盗"们开起火！随着"啪！啪！啪！"的枪响，塑料子弹不断飞出，有的射偏了，有的打在了"强盗"的背上……

最让锵锵高兴的是，他看见自己的一颗子弹打在了小胖的屁股上！小胖"哎哟"一声，捂着屁股跑开了。锵锵看着小胖的狼狈相儿，心里乐开了花，然后继续寻找下一个目标。

"啪！啪！啪！""强盗"们也看见了小胖的狼狈相儿，他们掉转枪口，朝锵锵发射，锵锵被密集的子弹吓了一跳，还没来得及躲闪，就感觉自己额头上一片火辣辣的痛，然后好像有一些液体流了下来。身边的辛辛立刻大声呼救起来！

安全提示

如果玩具枪的子弹射到眼睛，后果是非常严重的，可能导致眼球挫伤、角膜损伤等，甚至失明！

自助解答

1. 玩具枪不要对准人

玩具枪的子弹虽然是塑料的，但要是打在人体比较脆弱的地方，同样会给人造成很大的伤害。

2. 不要在公共场所玩玩具枪

通常，玩具枪具有一定的"杀伤力"，因此不要将其带到人多的公共场所，以免发生误伤。

3. 及时就医

如果被玩具枪的子弹打伤，不要碰触伤口，应该及时就医。

危险的"凳子跷跷板"

凳子最大的作用就是供人坐着休息,如果你将它当成玩具,它可能会狠狠"坑"你一下!

打陀螺、玩卡片、捉迷藏……每天都是这些游戏，锵锵感觉自己已经玩腻了，突然间对这些游戏一点儿兴趣也提不起来了。无论好朋友辛辛怎么说，锵锵就是赖在椅子上不起来，没有新的游戏，还不如就待在教室里呢！

我们把两张长凳搭在一起，就可以玩跷跷板了！

辛辛实在拿锵锵没办法了，他无奈地在教室里看了一圈，突然，他眼前一亮，兴奋地说："我有一个好主意……"锵锵一听也来劲了。他俩快速地搬了两张长凳，搭好了"凳子跷跷板"。

锵锵兴奋极了，他一个"青蛙跳"，便坐了上去。待辛辛也坐稳后，他们就开始了游戏。两个小伙伴，一会儿锵锵升高，一会儿辛辛升高，真是高兴极了！教室里其他同学看见了，也纷纷模仿他们玩了起来。

突然，不知道谁从后面撞了辛辛一下，辛辛吓了一大跳，他的身体一歪，瞬间失去了平衡，搭在上面的那张长凳一打滑，两人一齐摔了下去。不巧的是，辛辛摔下去的时候，撞到了另外一个也在玩"凳子跷跷板"的同学，瞬间，那两个同学也摔了个"大马趴"，教室里顿时响起了接连不断的"哎哟"声……

安全提示

玩跷跷板的时候，最好两边的小朋友体重差不多，要当心因失去平衡而摔倒。

自助解答

1. 选择安全的跷跷板

安全的跷跷板，会有扶手和脚踏的地方，而用凳子搭成的跷跷板，非常危险，很容易发生意外。

2. 选择正确的姿势

两人玩跷跷板时，最好相向而坐，切勿背对背坐。玩的过程中，应双手紧握把手，双脚放在蹬踏处，切勿站到跷跷板的横梁上。

3. 不要接近玩跷跷板的人

当有人在玩跷跷板的时候，应与其保持一定的距离，避免被撞到。

飞镖"不长眼"

飞镖虽然体积小，可是它的"杀伤力"却很大。一旦"不长眼"的飞镖"飞"向人体，那就有大麻烦了！

放学了,刚离开校园,锵锵就拿出一枚飞镖向辛辛炫耀。"我看看,哇!你竟然偷偷把它带到学校来了。"

辛辛拿着飞镖，摆了一个特别酷的姿势："看我百发百中的小李飞刀！"但是他光顾着摆姿势了，手上用力太小，结果飞镖连靶子都没碰到就掉了下去。

这时，站在靶子旁边的锵锵突然发现飞镖竟然朝自己飞来了！他大惊失色，慌忙蹲下，就在他蹲下的瞬间，飞镖"咚"的一下扎到他身后的墙上，一小块墙皮连着飞镖一起掉到了地上……

安全提示

飞镖是比较危险的玩具，没有接触过的人千万不要随意玩。尤其不能对着他人投，以免造成伤害。

1. 选择合格的飞镖

对于同学们而言，硬头飞镖太危险了，应挑软头的，以免伤人伤己。

2. 选择合适的场所

不要在人多的地方玩飞镖，应选择无人的场所，以免发生意想不到的危险。

3. 不要做危险动作

旋转360度或摆各种姿势后再扔飞镖，飞镖的方向不可确定，也许会对周边的人造成伤害。

李木子的爷爷从老家给她带来了一只小狗,这只小狗只有三个月大,毛茸茸的小家伙跑起来就像一个会移动的线团,可爱极了。

被小狗"萌"到的辛辛天天下午来找小狗玩,还给它带好吃的火腿肠,可是小狗就是不理他,只喜欢跟在李木子后面跑。辛辛备受打击,当他喂小狗吃火腿肠的时候,不禁开始愤愤地念叨起来。可小

狗只顾着吃他手里的火腿肠，连眼神都不给他一个。辛辛有点儿生气了，他将手里的火腿肠举得高高的。

小狗急得将两只前腿扒在辛辛的腿上，用舌头一下一下地舔着辛辛的小腿，可是辛辛还是不给小狗吃。小狗围着辛辛转了一圈，一下子跳了起来，哦！它太小了！就算使劲蹦，也够不到辛辛的腰，更别提辛辛手中的火腿肠了。这时，李木子跑了过来，大声抱怨起来。

你别欺负我家小狗啊！快把火腿肠给它，它肚子还饿呢！

可是辛辛就像没听见李木子的话一样，依旧拿火腿肠逗着小狗，小狗气得嘴里发出低低的吼声。突然，小狗使劲往上一蹿，终于够到了辛辛手中的火腿肠！可是它的前爪却将辛辛的手背抓出了一条血痕！

辛辛感到手背疼痛无比，哭了起来……

安全提示

无论是动物园里的动物，还是家里的猫狗等宠物，如果你惹得它们不高兴，它们也许就会"发脾气"，所以，我们可不要逗弄动物哟！

自助解答

1. 不要激怒小动物

再听话的小动物，一旦被激怒，它那锋利的牙齿和爪子就会向你伸出，你一不小心就会被咬、被抓，所以切勿激怒它们。

2. 远离流浪猫狗

流浪狗和流浪猫身上可能带有细菌和跳蚤，所以要尽量远离它们。

3. 及时就医

一旦被宠物咬伤，不要忽视，一定要尽快去医院接种疫苗。

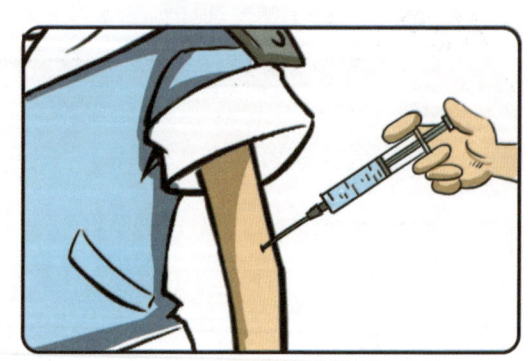

令人担忧的"鼠标手"

同学们,你们知道吗?一旦长时间使用电脑且不注意休息,那么很有可能患上"鼠标手",你知道什么是"鼠标手"吗?

暑假刚开始,锵锵就吵着让爸爸买了台电脑。电脑一到家,锵锵也不出去玩了,也不缠着爸妈讲故事了,他开始玩起了向往已久的游戏。

很多好玩的游戏,锵锵才玩了两三天就得心应手了。他天天沉浸在游戏的世界里,头一次觉得自己的暑期生活如此充实,真是太美妙啦!

辛辛和李木子已经约锵锵好几次了,可是他一点儿也不想和他们出去玩。他想:大热天的,走到哪里都是一身汗,还不如就在家里玩游戏呢!有时候,爸爸妈妈想带锵锵出门散散步,他也一口拒绝。除了待在家里,应该说除了玩游戏,他什么也不想干。

每天早上,锵锵一醒来就立刻打开电脑;每天吃饭时,他抱着自己的小碗,也守在电脑跟前;每天晚上,非要爸爸一催再催,他才不情不愿地上床睡觉……铿锵爸爸和百合妈妈说了他很多次,可他就是不听。这种情况整整持续了一个月……

一天,锵锵起床后照例去开电脑,突然感觉自己的食指不舒服,有些麻木。过了一会儿,他感到自己的手臂酸痛不已,一点力气都没有。怎么回事呢?锵锵害怕极了,他大声地叫爸爸妈妈。看到锵锵如此难受,爸爸妈妈赶紧将他送往医院。检查过后,医生告诉他,他患上了"鼠标手"。

安全提示

长时间使用电脑,不仅可能患"鼠标手",还可能导致眼疾,甚至心血管疾病。

自助解答

1. 充足的休息

"鼠标手"的早期症状比较明显：手指和腕关节会出现酸痛、麻木感，一旦发现，只要立即停止使用鼠标，休息几天便可慢慢恢复。

2. 适量的按摩

长时间使用电脑的人，手、眼睛和脖子均会产生疲劳感，可适当对身体的各个部位进行按摩。

3. 及时治疗

一旦发现自己患上了"鼠标手"，就应该及时去医院治疗，严重时应考虑进行手术。

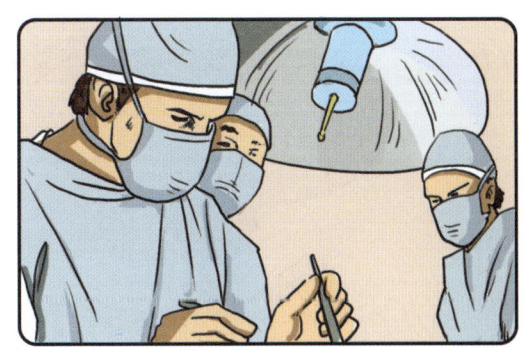

上网"冲浪"要当心

互联网虽然给我们的学习和生活带来了极大的方便,但同时,网络上虚假的信息也很多,一旦警惕心不够,就会上当受骗。李木子就遇到了这样的事情。

"叮——"正在上网查资料的李木子收到了一条系统消息,她点开图标,弹出一个对话框,上面写着:亲爱的会员木木,恭喜您获得在线学园本年度金奖,您将获得"暑假半价海滨游"代金券。请将您的电子钱包账号和密码发送到10089****,系统将在24小时内送出代金券!

什么?自己竟然中奖了!李木子有一种被馅饼砸中的感觉。她开心极了,赶紧将自己的电子钱包账号和密码发了过去。很快,一条回信闪出:账号确认无误,请耐心等待奖品!

哈哈哈，我中奖啦！这下可以去海滨啦！

第二天一大早，李木子就迫不及待地将自己中奖的事情告诉了锵锵和辛辛。辛辛一脸纳闷地说："什么在线学园？我怎么从来没听你说过你是会员啊？"

再说，就算中奖了，直接把飞机票、船票寄来不就成了？

就是！也没有必要非要你的账号和密码呀！

李木子傻眼了，不会是上当受骗了吧？！

一整天，她都心神不宁的。一放学，她飞速冲回家里，连饭都顾不上吃，赶紧登上了自己的账号。天啊！电子钱包里的钱全都没了！懊恼的李木子顿时泪流满面——这可恶的骗子！

安全提示

当你收到一些莫名其妙的邮件时，不要轻易打开，里面可能会有病毒。当你收到中奖信息时，要提高警惕，验证后再回复。

自助解答

1. 网络安全记心上

不要把自己的真实信息留在网上，也不要被一些中奖消息迷惑。

2. 如何应对陌生人

网上遇到陌生人时，不要和网友谈及自己的家事，以免被坏人套走信息，给自己、家人、朋友带来不必要的麻烦。

3. 杀毒软件要安装

给电脑安装杀毒软件，可以防止病毒和黑客的侵害。上网时，一些可疑的网址不要轻易点开，以免电脑中毒或个人信息泄露。

 **安全笔记**